U0380729

画说草莓

画说草莓

【日】木村雅行 ● 编文　　【日】杉田比呂美 ● 绘画

红彤彤，可爱又美味的草莓，
无论是拿来直接吃，还是做成果酱、裱花蛋糕、
草莓团子，草莓就是草莓，其地位无可替代。
它那甜甜的又略酸的味道，
一想起来就让人觉得心情愉快！
如果要选最有人气的水果，草莓一定当之无愧。
让我们试着自己来栽培草莓吧，
它们可是世界上独一无二、只属于你自己的果实哦！

中国农业出版社

1 野生草莓，种植草莓

在世界上任何一个地方，一说起草莓，指的都是现在可以在水果店里买到的那种草莓。但是，草莓逐渐被当作农作物来种植可是最近这 200 年的事情。在我们把草莓种在地里之前，野生草莓生长在森林周围的原野上。初夏时节，我们到森林里郊游野餐，可以把草莓一次吃个够，或者采摘满满一篮子草莓带回家做果酱。草莓可以说是特别野生的一种水果。

古时候的草莓

据说人们在石器时代就开始食用野生草莓了，从欧洲的遗迹中曾经出土过草莓的种子。在那个时候，不仅是草莓的果实，就连它的叶、茎、根等好像也被当作药材来使用。

野生的草莓

据说在 14 世纪左右，草莓作为现代农作物被种植之前，法国和比利时就有人在旱田里种过采自山上的野生草莓。这种草莓是生长在欧洲和亚洲的一种野生草莓，虽然味道没有人工种植的草莓那么甜，而且个头也小，但是闻起来非常清香。直到现在也有很多人喜欢这种野生草莓。

草莓是一种新的农作物

在大约 200 年前，有两个野生的草莓品种从北美洲和南美洲被运到了欧洲。人们将这两个品种进行杂交之后，诞生了现在常见的这种草莓。

幸运的杂交

非常难得的是，这两个野生的草莓品种的遗传基因极其相似，简直是绝配。它们结合在一起毫不费力地就能收获很多种子。而且每一粒的种子都具备不同的特征，所以人们用它们很容易就杂交出了很多草莓新品种。结果，新品种的果实竟然比野生品种大 10 倍，味道也好吃许多。正因如此，无论是对种草莓的人来说，还是对吃草莓的人来说，这种草莓都大受欢迎，很快在世界范围内名声大震。而日本从明治时代开始种植草莓，距今也不过 100 多年而已。日本开始种植草莓不久，就开发出了福羽这个品种。这种在日本诞生的福羽草莓体型大、味道甜，世界闻名。在此后的 70 多年里，大家也都一直偏爱种植这个草莓品种。

2 不管怎么说，大家都很喜欢草莓！

享誉世界的草莓的吃法越来越丰富了！裱花蛋糕、草莓果酱、草莓冰激凌、草莓冰沙、草莓派、草莓牛奶……哇！一想到这些美味，就忍不住会笑出来吧！不论是每天必用的牙膏还是难喝的感冒药，一旦加入草莓香味就会不可思议地让人觉得没那么难以接受了。

那么，草莓为什么会如此受欢迎呢？

草莓圆圆的、颜色红红的，样子可爱，或许仅因为如此的外表，就让人心情十分愉快了吧。

最喜欢草莓

如果问身边年轻的女性"你最喜欢什么水果"的话，
回答最多的就是草莓了！
在世界其他国家，草莓也非常受欢迎哦。那么，你最
喜欢的水果是什么呢？

一天的量

红色是健康之源

如果草莓是黄色和绿色的，那会怎样呢？因为它是红色的才叫草莓吧。草莓呈现出红色是因为其中含有一种叫做花青素的色素。这种色素对身体非常有好处，具有预防癌症和延缓衰老的功效。不仅是草莓，水果和蔬菜中的色素似乎都有这种效果。人类也许是天生就知道这个秘密吧。

具有美白功效？

可以试一试悄悄地在妈妈耳边说："听说用草莓做面膜的话，皮肤会变白哦，因为草莓中的鞣花酸成分会发挥作用。"此外，因为草莓含糖分很少，所以很适合减肥。当然草莓中维生素 C 的含量最高，吃五个草莓，就可以满足每天所需的维生素 C 了。

猕猴桃和无花果好像也是这样吧

~咯吱

嚼草莓种子的咯吱咯吱声

吃草莓的时候，嚼到种子会发出咯吱咯吱的声音，对吧？你有没有觉得这也是草莓的一种小小魅力？它让我们实实在在地感觉到"我在吃草莓哦"。如果没有了这样的种子，是不是会觉得很奇怪呢？这样的水果除了草莓，还有其他的吗？

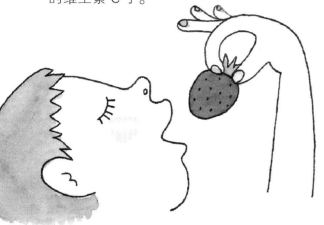

整个儿吃下，真划算！

草莓不用剥皮，洗过之后就能直接整个儿吃掉，太方便了（那些嫌麻烦的人真是不可救药）。而且，草莓不可食用而扔掉的部分少之又少。比如像西瓜，从重量的比例来说，如果花 10 块钱买来，扔掉的皮和种子部分就差不多占了 4 块钱。但是换成草莓的话，只有一个小小的蒂不能吃，扔掉的部分只有不到 2 毛钱。

3 哪个才是真正的果实呢?

红红的草莓上到底有多少粒种子呢? 可能你会想:好像没有什么种子吧。其实草莓外表那些小小的突起颗粒全都是种子哦。你吃掉的很好吃的部分其实也是由很多种子的根部(花托)长大形成的。用专业词汇来说,草莓叫做伪果(伪就是假的意思),与桃子、柿子的发育过程有所不同。什么? 只要好吃,这些事情都无所谓吗? 嗯,没错! 那就一边大口地吃着草莓一边读一读后面的内容吧。我好像听见你嚼着草莓发出的"咯吱咯吱"的声音了!

我们吃的是草莓的哪些部分呢?

大家知道桃子和柿子是由哪部分发育而来的吗? 你把桃子和柿子切开来看看,我们吃的桃子和柿子是种子周围的子房发育形成的软软的果肉部分(与伪果的草莓相反,它们叫做真果,就是真正的果实的意思)。草莓中大量的种子就这样裸露地紧贴在果实表面。因为子房几乎没怎么长大发育,所以草莓也叫做瘦果(瘦就是不胖、苗条的意思)。

鸡冠果是如何长成的呢?

你有没有见到过外形和鸡冠一样,凹凸不平,大小和握紧的拳头差不多的草莓? 这样的草莓就叫鸡冠果。之所以长成这个样子,是因为草莓在还处于花芽期(就像人类的婴儿期一样)的时候,又有很多个小弟弟、小妹妹的花芽凑在一起长大形成的。通常在植株较大,营养过剩的时候容易结出鸡冠果。不过,鸡冠果的味道也不错哦!

雄蕊的长度分长、中、短三种,是为了配合花托的形状,使其从尖端到根部都能够授粉。

就是这个部位长大后形成了果实哦

花序和开花的顺序

在一个花序（译者注：是花梗上的一群或一丛花）上最先绽放的花（1号花）结出的果实最大，接下来的2号花和之后的3号花结出的果实就逐渐变小了，但是味道几乎没有什么变化。

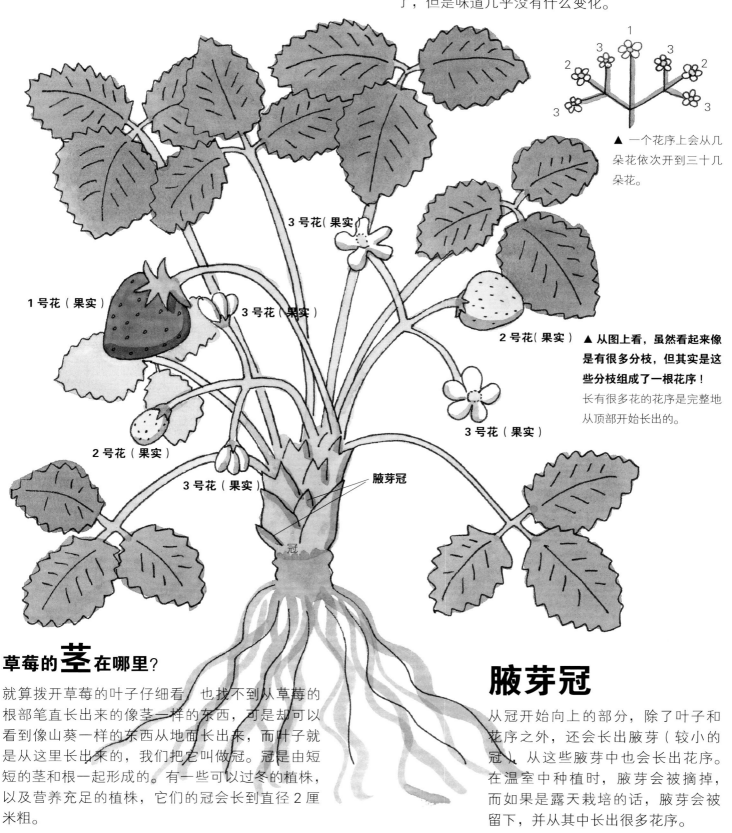

▲ 一个花序上会从几朵花依次开到三十几朵花。

▲ 从图上看，虽然看起来像是有很多分枝，但其实是这些分枝组成了一根花序！

长有很多花的花序是完整地从顶部开始长出的。

1号花（果实）

3号花（果实）

3号花（果实）

2号花（果实）

3号花（果实）

2号花（果实）

3号花（果实）

腋芽冠

冠

草莓的茎在哪里？

就算拨开草莓的叶子仔细看，也找不到从草莓的根部笔直长出来的像茎一样的东西，可是却可以看到像山葵一样的东西从地面长出来，而叶子就是从这里长出来的，我们把它叫做冠。冠是由短短的茎和根一起形成的。有一些可以过冬的植株，以及营养充足的植株，它们的冠会长到直径2厘米粗。

腋芽冠

从冠开始向上的部分，除了叶子和花序之外，还会长出腋芽（较小的冠），从这些腋芽中也会长出花序。在温室中种植时，腋芽会被摘掉，而如果是露天栽培的话，腋芽会被留下，并从其中长出很多花序。

4 草莓是大家族，大家手拉手！

草莓在英语中叫做 strawberry。straw 这个词的意思就是四处传播的意思，据说这个词来源于古代英语。草莓在繁殖的时候，会像绳子一样伸展藤蔓，在藤蔓顶端培养子株，然后再从子株延伸出的藤蔓上再培养子株，就这样一直繁殖下去。所以把果实采摘后的草莓植株留在原地不动的话，就如同把一棵棵子株布满在地上一样。

啃老的草莓

草莓通过匍匐茎，由母株向子株运输水分和养分。如果不把子株和母株分开，则会一直这样持续运送。而且，子株的根和花序会向着与母株相反的方向伸展，这可能是为了彼此之间互不干扰吧。

叶柄的根部向外延伸，包围着新茎。通过储存从叶子上落下来的雨水，促进根部的生长。

多年生的草本植物
只需要一年来栽培

匍匐茎在草莓开始结出果实的时候就开始延伸。草莓原本是能够越冬的多年生草本植物，因此有的国家会花很多年的时间来培育母株。但是在日本，子株剪下后与母株分离培育，在下一年的收获结束之后，就会再重新开始培育子株了。

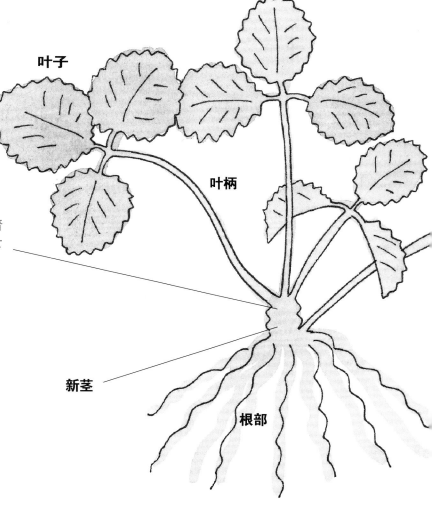

母株
虽然会持续产果 10 年左右，但是经过大约 3 年后，结出的果实就会逐渐减少。

叶子

叶柄

新茎

根部

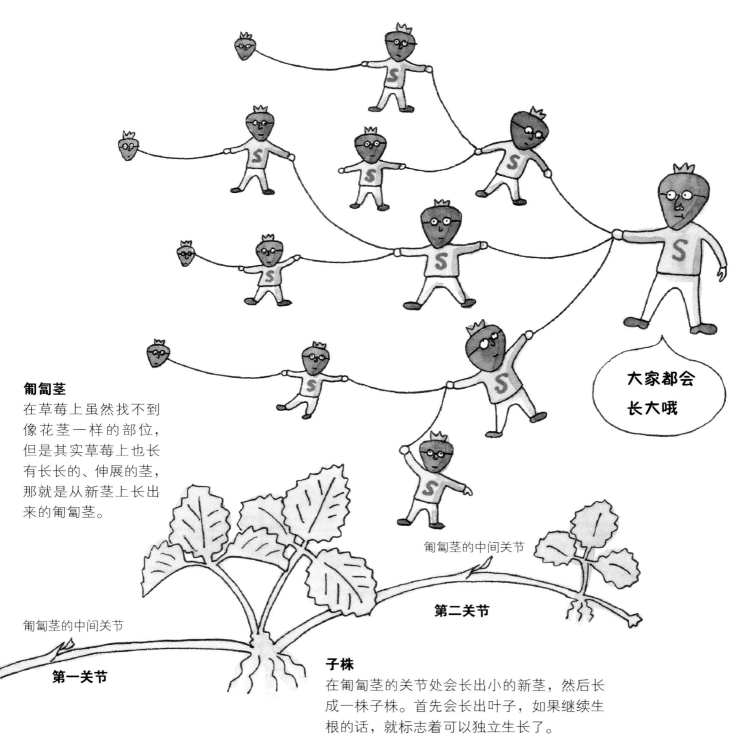

匍匐茎

在草莓上虽然找不到像花茎一样的部位，但是其实草莓上也长有长长的、伸展的茎，那就是从新茎上长出来的匍匐茎。

大家都会长大哦

匍匐茎的中间关节

第二关节

匍匐茎的中间关节

第一关节

子株

在匍匐茎的关节处会长出小的新茎，然后长成一株子株。首先会长出叶子，如果继续生根的话，就标志着可以独立生长了。

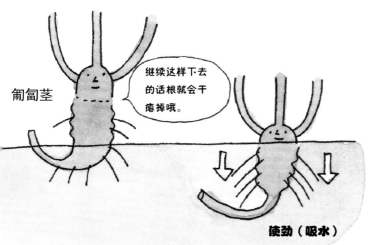

匍匐茎

继续这样下去的话根就会干瘪掉哦。

使劲（吸水）

埋在土中的新茎的秘密

多年生的草莓植株每年都会一点儿一点儿地向土里延伸。这是因为根部一旦长成之后，根部的组织萎缩时会将新茎拖拽到土里。新茎也会不断长出新的新茎，它们一边不断地生长，一边向下延伸埋进土里。像沙土地这样松软的地方，经过三年的时间，新茎会伸展至大约15厘米深的土里。

5 品种介绍

小草莓、大草莓、甜甜的草莓、酸酸的草莓，还有圆形的、长长的、椭圆的、倒三角形的草莓。虽然形状、大小、颜色、味道会因为种植方法的不同而有所差异，但根本原因是草莓的品种不同。

栃木少女

1996 年，和女峰这个品种一样，栃木少女品种在日本栃木县诞生。这个品种适合种在大棚中，可以很快收获果实。与女峰相比，它的果实个头更大，而且口感更美妙，保存时间也长。因为匍匐茎上结出的果实数比较少，栽培上稍微有点难度。

幸香

1996 年，以丰香和爱莓为母本的幸香品种由日本农林水产省培育出来。这个品种的草莓既好吃，保存时间又长。果实表面是深红色，里面却是浅红色。该品种虽然匍匐茎上结果数量多，但是易得炭疽病、枯萎病和白粉病。

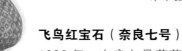

章姬

这个品种草莓个头大，呈长长的纺锤形，毫无疑问是与福羽这个品种有血缘关系的。它是 1990 年由静冈县的一个农户培育的品种。章姬结果的数量多，而且生长的势头很强，易栽培。章姬口感很甜，酸味不强。

飞鸟红宝石（奈良七号）

1996 年，奈良七号草莓以飞鸟波和女峰为母本在奈良县诞生。它的果实表面如同玻璃一样光洁，果汁充足，果实大而整齐，产量高，口感清爽，非常好吃。虽然生长势头强盛，会生出很多匍匐茎，但是抗炭疽病和枯萎病的能力比较弱。

交配籽生草莓

通过培育由不同品种草莓交配产生的种子，由这些种子长成的植株结出的果实叫做交配籽生草莓。每个草莓的形状、大小、颜色、味道（虽然通过照片看不出来）都不一样哦，必须通过对味道、生长能力、抗病能力等进行实验观察，从中选择好的草莓当作一个新的品种继续培育。当然你自己也可以培育出新的品种哦。

女峰

1984 年诞生于日本栃木县。其果实呈圆锥形，甜味中还有较重的酸味，闻起来也很清香，适合做成甜品和用来装饰蛋糕。因为该品种在冬季的睡眠期很短，所以即使不用电灯补光也可以很快获得收获。

丰果

1973 年由日本农水省作为设施促成栽培用的品种而培育出来。其果实呈球形或者圆锥形，而且个头大。口味酸甜适度，香气很浓，适合直接食用。

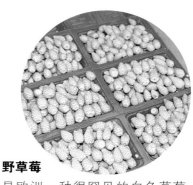

野草莓

是欧洲一种很罕见的白色草莓。果实分红色和白色两种。虽然其颜色不红，但香气非常好闻。

宝交早生

该品种 1957 年诞生于日本兵库县，是继福羽之后的又一杰作。果实呈圆锥形，味道很甜，结果又多，可以在日本各地种植。因利用电灯照明栽培，从 12 月份开始就可以收获，此栽培模式始于宝交早生品种。

福羽

诞生于 1899 年的日本草莓一号品种，是福羽博士从法国带回日本，并在新宿的皇家花园培育出的新品种。它的果实呈长长的纺锤形，一个有 70 克重，而且颜色鲜艳通红，味道可口。作为在温室栽培的可以快速收获的高级品种，直到 20 世纪 60 年代仍被广泛种植，现在也有很多新品种是以福羽为母本培育出来的。

爱莓

该品种在大约 1985 年时成为一时热议的话题。该品种的草莓个头比鸡蛋还大，味道也相当不错。原产地和培育环境都不太清楚，而且由于易得炭疽病等特性而不容易栽培。但是，用它来做培育新品种的母本，诞生了很多新品种。

6 种植日历

该种植日历是以宝交早生这个品种为例（日本关东、关西地区）。
宝交早生在露天地面上很容易栽培，是抗白粉病很强的品种。

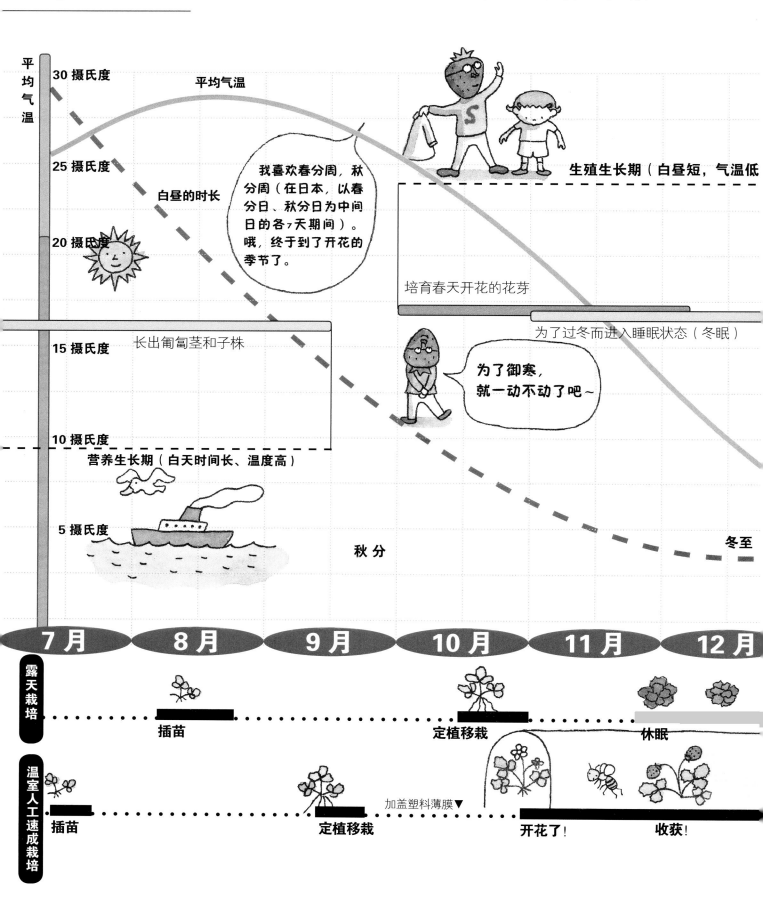

平均气温

- 30 摄氏度 —— 平均气温
- 25 摄氏度
- 20 摄氏度 —— 白昼的时长
- 15 摄氏度 —— 长出匍匐茎和子株
- 10 摄氏度
- 5 摄氏度

我喜欢春分周，秋分周（在日本，以春分日、秋分日为中间日的各7天期间）。哦，终于到了开花的季节了。

生殖生长期（白昼短，气温低）

培育春天开花的花芽

为了过冬而进入睡眠状态（冬眠）

为了御寒，就一动不动了吧~

营养生长期（白天时间长、温度高）

秋 分

冬 至

7月　8月　9月　10月　11月　12月

露天栽培
插苗　　　定植移栽　　　休眠

温室人工速成栽培
插苗　　　定植移栽　加盖塑料薄膜▼　开花了!　收获!

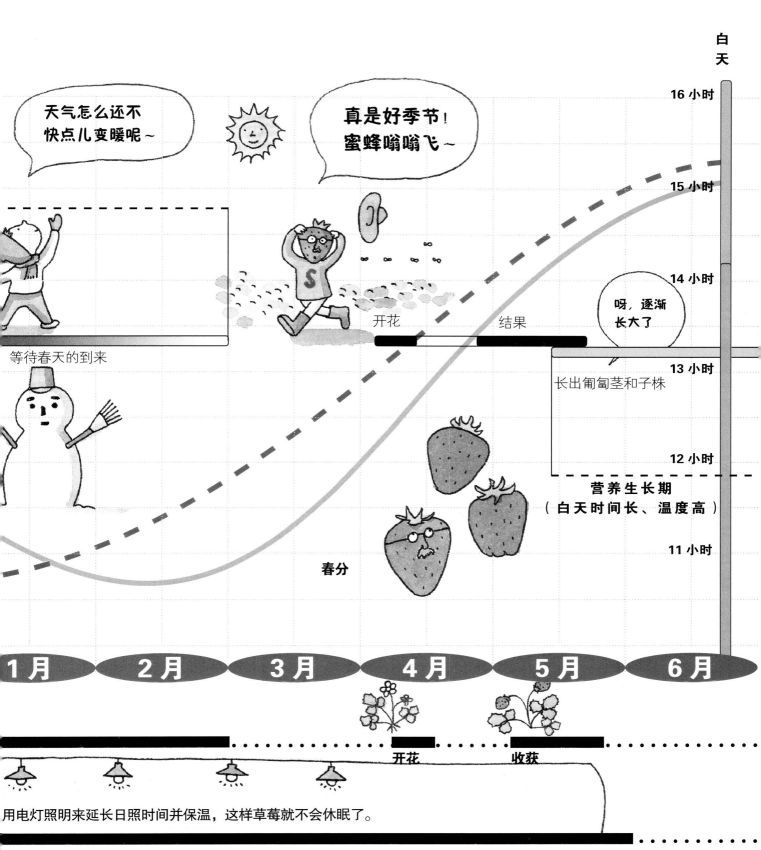

7 来吧，让我们试着种草莓吧！

来吧！终于可以挑战自我，开始自己种草莓了！
"耶！有草莓吃了！"是谁已经抑制不住自己内心的骚动了呢！只有踏踏实实地付出劳动，充满爱心地进行栽培，才能收获酸酸甜甜、美味可口的草莓哟。因为育苗比较困难，我们就直接把幼苗买回来种植吧！就算今年秋天就种上幼苗，收获果实也要等到下一年的五月了。

挑选幼苗的方法

购买草莓的幼苗最好还是去有信誉保证的园艺店或者是去农业协会选购适合当地环境的品种，可以问一问当地的农民，也可以向种苗公司订购像宝交早生这样的能抗病虫害的品种。

土壤和基肥

草莓非常喜欢肥沃的土壤。而肥沃的土壤并不是指施了很多肥料的土壤，而是那种能够慢慢地、持续地培养作物的土地。将普通的旱田土对半混入熟透的堆肥，可以作为长期发挥作用的肥料供我们使用。如果使用化肥的话，就选择效力比较温和的缓效性化肥。每平方米的土壤里大约需要混入 80 克到 100 克化肥。另外，在种苗前一周左右，在每平方米的土中混入 80 克镁石灰，然后把地犁得松泡泡的。草莓的根部容易被肥料烧坏，所以千万要注意不能施肥过多。

在旱地种植草莓的方法

在 90 厘米宽的田垄上，种植两列草莓苗，每株草莓苗之间间隔 30 厘米。将母株有匍匐茎切口的一侧作为里侧的话，花序会向相反的外侧伸展，因此在收获时节会更容易采摘。

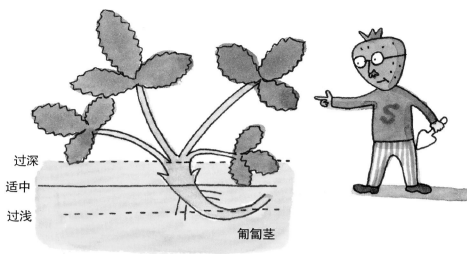

过深
适中
过浅
匍匐茎

追肥

如果一下子施肥过多，草莓的根部就会腐烂掉，因此要特别注意。种植两到三周后会长出新根，也是种苗最茁壮的时候。还有十一月末，再加上铺稻草、塑料薄膜护根的二月下旬左右。这三个时候，小朋友可以用手抓一把缓效性肥料，撒在植株的根部。

幼苗要种的浅一点

种植草莓幼苗的时候要注意不要使新茎接触地面，只要让土壤能够将幼苗的根部固定住就可以了。如果种的太深，花序的数量会减少，匍匐茎也有可能长不出来。

一个人抓一把哦！

化肥

会变干瘪哦。

浇水

需要经常观察草莓地里的土质，如果看上去好像快干了就要浇上充足的水。草莓是非常不耐旱的，如果有可能，最好使植株的根部始终保持潮湿的状态。如果已经开始结果实了，就不用再浇水了。

夏天的叶子

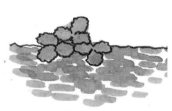

冬天的叶子

过冬

秋天种上的幼苗会自己保护自己度过冬天哦。冬天的叶子与夏天时的叶子不同，它会缩小而且紧贴地面（叫做莲座丛）。你自己试着观察一下冬天时草莓的叶子是什么形状的吧。

8 在阶梯式坛架上、草莓罐中也可以种草莓哦！

很久很久以前，在静冈县的久能山上，有一个有名的实例，那就是用石墙来培育草莓。那时，斜面朝南的石墙上是一块一块的石头。在石头中间种上草莓，利用石头被晒热而散发出来的热量，使得草莓生长得非常旺盛。我们自己来建筑石墙是一个不太现实的想法，那么，我们就试着来挑战一下利用木板墙来种草莓吧。或者我们也可以用瓶瓶罐罐和层叠的花盆来种草莓，然后用它们来装饰房间。相信它们一定会成为非常时尚的室内装饰物。

15 厘米

20 厘米

在阶梯式坛架上

我们用木板或者木桩来试着制作一个像图中那样的三层梯田吧。在每层都种上幼苗，种植方法与第 14、15 页的露天地面栽培一样。接下来，就需要你的细心照料了。

草莓罐

草莓罐是花店给喜欢种植草本植物的朋友提供的一种花盆。就像它的名字一样，用它来种草莓很方便，用作装饰物也赏心悦目。

培育方法

在秋天将幼苗种到草莓罐里之后，可以把草莓罐放在阳台上或者是明亮的房间里继续培育。用花盆种植草莓很容易干燥，所以只要土壤干了就必须立刻浇水。冬天的时候将花盆埋在土里或者木屑里，土就不容易干了。另外，花盆的托盘要浅一些，里面不要积水哦。

亲子栽培

我们把长出匍匐茎的植株种在花盆里，然后放在高处培育。匍匐茎渐渐地伸展，并长出很多子株。你说，等到了春天，子株上会长出果实吗？

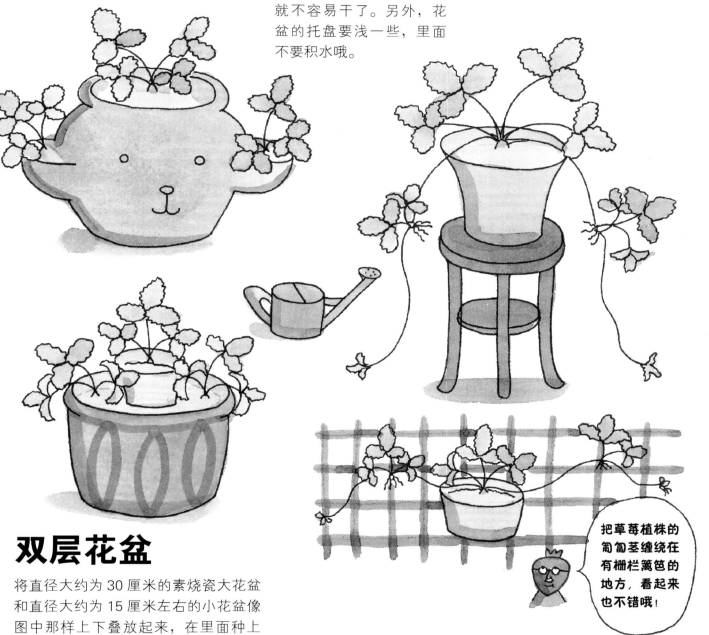

把草莓植株的匍匐茎缠绕在有栅栏篱笆的地方，看起来也不错哦！

双层花盆

将直径大约为 30 厘米的素烧瓷大花盆和直径大约为 15 厘米左右的小花盆像图中那样上下叠放起来，在里面种上我们的草莓幼苗吧。

小盆、花盆的土和基肥

将土壤和熟透的堆肥、泥炭藓等量混合使用。如果是把基肥放在花盆里使用，用量大约为小朋友轻抓一把的量。如果是使用小盆的话，用量需要满满一大汤匙。

追肥

追肥的方法与露天栽培一样，在根部最强壮的 11 月和在长花苞的 2 月左右，在植株根部洒上满满一大汤匙缓效性肥料。

9 每天不间断地细心照料，终于迎来收获的季节啦！

草莓种完幼苗后，直到迎来春天的收获之前，一直不能掉以轻心，还需要一系列全方位地照料。嗯，种植草莓太花费功夫了，怪不得草莓的价格好贵呢。既然种草莓这样麻烦，是不是直接去水果店买草莓吃更好呢？还是什么都不要说，一边在心里描绘着大口吃草莓的那一天，一边努力加油吧！如果真能吃到自己种的草莓，一定会觉得曾经付出的那些辛苦都是非常值得的！

地膜　　　洞

土

好像穿了一件毛衣

地膜覆盖

从 2 月下旬一直到开始开花，为了保持土壤的温度和水分，使草莓幼苗能更好地生长发育，要在所有的田垄上都覆盖一种叫做地膜的聚乙烯薄膜（黑色）。这样一来，既能保证不长杂草，也能让结出的草莓果实保持干净。首先，我们要用地膜轻轻地把田垄全部覆盖起来，边缘用土压住。然后在种有草莓幼苗的地方挖一个洞，轻轻地让草莓幼苗穿过地膜露到外面来。在春天之前要稀稀地追加些化肥，并浇灌充足的水。

保护幼苗
防止淋雨

草莓植株开始开花的时候如果被雨淋，是很容易生病的。而且，如果在收获期草莓果实被淋到了雨水，果实就会因吸水过多而影响口感，味道不好。因此，我们可以搭拱棚让草莓避雨。可以在园艺材料店买到搭拱棚所用的支撑物和聚乙烯薄膜。还可以用竹子、塑料杆和塑料薄膜等材料来制作顶棚。

人工授粉

蜜蜂、花蜂、花虻、花蝇等都可以帮助草莓传粉受精。但是，在屋顶上或者大棚里培育草莓，没有昆虫来帮忙，如果不进行人工授粉，会导致果实发育畸形。我们用毛笔轻轻地梳理几下花朵的雄蕊和雌蕊，让它们在开花期进行授粉。在授粉的时候，如果花瓣掉了也没有关系。

啊，这个……

变形的草莓

雌蕊如果不受精的话，花托是无法长大的。如果因为某种原因，使得受精进行得不顺利，就会出现只有一部分草莓长大，其他部分就长不大，造成果实形状不正常（畸形果）的情况。

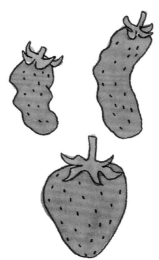

终于收获了！

开花后再过 25~30 天就是我们期盼已久的草莓收获期了！是不是有人会把还透着绿色、并没有完全变红的果实迫不及待地摘下来呢？采摘草莓其实很简单，挑选那些通红熟透的果实，只要用剪刀把花梗轻轻一剪就可以了。可不要一边摘着草莓，一边就把采摘的草莓都吃光了哦。

10 从匍匐茎上取下幼苗吧！

草莓是每年都会长出子株的多年生草本植物。经历并不容易的栽培过程后，将收获后匍匐茎上长出的子株作为幼苗，可以在下一年继续栽培草莓。从匍匐茎上采下的子株具备与母株完全相同的特征。而与之相反，如果用采摘的果实上的种子进行播种的话，得到的子株则具备与母株不同的特征。这到底是为什么呢？（详情请看封底解说。）

快看，从匍匐茎上长出的子株哦！

土　　　泥炭

混合

尝试培育**子株**

在 5 月至 6 月，草莓收获结束的时候，如果从母株上长出了匍匐茎，一定要好好观察哦！之后不久，如果从匍匐茎的中间长出了小叶子，就要将土和泥炭等量混合后放入塑料容器中，然后浇上水，将长出的子株放在这个塑料容器里。坚持每天都给它浇水，子株就会生根。匍匐茎的顶端也会继续伸长，继续长出子株。让我们用相同的方法让子株在塑料容器里扎根吧。

虽说可以每年都从同一株母株上获取子株进行培育，但是这样渐渐地长出的子株将会比较容易患病。因为虽然买来的幼苗都被称作无毒苗（也就是不带有病原菌的），但是经过一段时间后，还是有可能遭遇病毒侵袭的。

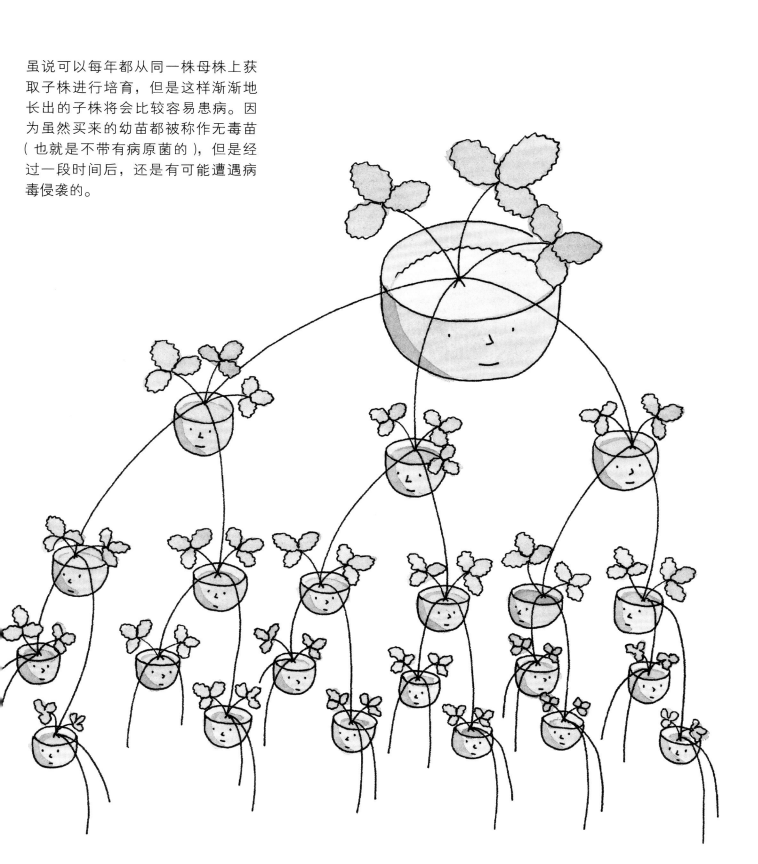

11 呀，糟了！这个时候我们该怎么办呢？

我们在店里精心挑选的幼苗和农民伯伯培育的幼苗，一般是不带有病菌的。但是在你将它们种下之后，它们也会生病，也会被虫子咬。除此之外，我们还有一些需要注意的事项。所以，要想吃到香甜可口的草莓，一定要用心去栽培，尤其小心下面谈到的事情。

鸟类的危害

就在你满心期待的时候，不光只有你在等待着草莓慢慢地变红哦。小鸟的眼睛可是相当敏锐的，它们从很早开始也在盯着草莓变红，因而每天都早早起床，你知道"早起的鸟儿有虫吃"这句谚语吧。当你还在睡梦中的时候，它们可能就已经开始偷吃你的草莓了。白头翁这种鸟是最爱吃草莓的，灰椋鸟也可能会来偷吃。乌鸦会不会也来偷吃草莓呢？如果是露天种植草莓的话，你最好还是拉起防鸟网为妙。

❶黄萎病
新长出的叶子有时候会发黄，长不大、变形，甚至枯死。

❷白粉病
叶子出现扭曲，发黄，变形等情况。

❸灰霉病
灰色的霉斑会腐蚀花和果实。

对于这些疾病的担心

如果种植的是健康的幼苗，就不必担心这些疾病问题。但是在草莓进入花期后，遇到雨淋的话，是很容易感染灰霉病的。所以一定要搭建防雨拱棚，而且在此之前还要记得做好铺膜护根工作，因为地面的水分也会引发灰霉病。

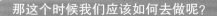

那这个时候我们应该如何去做呢？

枯萎的旧叶

草莓的叶子是有寿命的，大概 10 天左右就会长出一片新叶。这时，旧叶就会慢慢枯萎，你试着轻轻一拉，这些叶子就会脱落了。因为这些脱落的叶子容易滋生害虫和病菌，所以要及时清理烧掉。

叶子的"眼泪"是健康的标志

草莓叶子的顶端会一直分泌出像泪珠一样的水滴，干燥之后其中含有的盐分附着在叶子的边缘，泛着白色。其实这是草莓根部水分充足的健康标志，所以请大家放心。果实结得很多的时候，根系比较脆弱，这种现象就可能看不到了。

如果**生虫**了怎么办？

一定要注意提防蚜虫。如果是露天栽培草莓的话，到开花时节就会出现这种害虫。一旦发现蚜虫，就要尽快用手把它除掉（害虫过多、用力过大还会影响草莓的茎和花蕾）。当这种害虫大量出现的时候，我们可以喷洒无毒的"淀粉试剂"（在本书后面有具体说明）等将它们消灭。这些药物对蜱虫、螨虫类害虫也有效。在使用时，为了让药物更好地附着在这些害虫身上，你需要使用较大的剂量。这样一来，蚜虫和蜱虫就会因为无法呼吸而死亡。

夜盗虫（蛾子的幼虫）拥有旺盛的食欲。因为它们经常在夜间出行，什么都吃，所以秋天种植的草莓幼苗也经常会被它们吃掉。如果在幼苗的周围发现这些黑虫子的排泄物颗粒的话就糟糕了！因为它们藏在植株下面的土壤里。这时，你要轻轻地翻开土壤，如果在土壤中发现这些可恶的"庞然大物"的话，你要想办法消灭它们了。

此外，还有鼻涕虫也不放过你那香甜可口的草莓哦。到了晚上，它们就会从草莓底部开始偷吃，但这些我们是很不容易发现的。出现鼻涕虫的话我们该怎么办呢？其实，它们最喜欢喝啤酒了，如果你在草莓园里放上几杯啤酒的话，它们很快就被吸引过来了。它们喝啤酒时会溺死在杯子中。此外，喷洒祛除鼻涕虫的药物也是有效的办法。

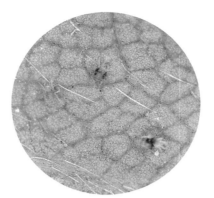
草莓蜱虫

夜盗虫

草莓根部的蚜虫

棉铃虫

草莓叶茎部的蚜虫

蜱虫大爆发（像蜘蛛网一样）

植株枯萎了 怎么办呢？

草莓是一种不耐旱的植物，特别是种在阳台上和花盆里的草莓。所以一旦你忘记给它们浇水，它们就会枯萎。因此，一定要记得经常给它们浇水哦！即使到了冬天也不能大意，要竭尽全力让它们保持充足水分。总而言之，要记得每天去问候一下它们。

最喜欢草莓的 **"淘气包"** 是谁？

这是最难回答的问题了（哈哈哈）！但是，或许你就是那些贪吃的淘气包中的一个哦（开个玩笑）。只要大家齐心协力就能一起享受收获草莓的快乐！如果独占美味的草莓，相信我们自己心里也会不好受吧。

12 花和果实的实验——让我们来播种吧！

从培育草莓苗开始，在经过你的精心照料之后，会结出好看的果实。

这个时候，你只要能吃到香甜可口的草莓，就可能获得很大的满足感哦。

正因为是自己亲手种植草莓，所以需要你更加细心地去观察。

下面，让我们立刻拿出草莓种子，看看它们如何发芽吧！

草莓种子到底会长出什么样的新芽呢？只要有一年的时间，草莓应该会结出很漂亮的果实吧。

数一数**种子**的数量

草莓种子的重量与果实之间究竟是什么样的关系呢？我们一边吃着草莓，一边数一数每一颗草莓上到底有多少粒种子，然后再来进行比较吧。

取种子喽！

已经变红可以食用的草莓上的种子可以用来发芽。让我们先用小镊子从草莓上取下种子，然后再将种子放入盛有水的杯子里。观察一下，种子如果能沉到杯底证明是好的，而那些漂在水面上的则是不能用的。

找一找**白色**的管子

从种子中长出来的白色管子究竟是做什么的呢？如果将草莓从正中间切开的话，我们就知道它是什么了。它的名字叫维管束，就像脐带一样，是用来从草莓的叶子及根部汲取养分的一根管子。我们可以试着轻轻地用镊子把它取出来。

大家一起来播种吧！

让我们把装草莓的盒子底部扎上许多小洞洞，并在盒子里铺上2厘米左右厚的蛭石，再撒上种子，然后均匀地给种子浇水。因为环境的不同，种子发芽大概需要10~30天。种子发芽后，胚叶就会张开，这时候用镊子轻轻地夹住胚轴，拔出来。然后再将种子移植到盛有培养土的育苗盆中。虽然说春天是播种的最好季节，但是如果在秋天播种，在春天到来之前把幼苗放在大棚中培育也没有问题！

1、

在盒子底部
挖一些小洞洞

2、

种子

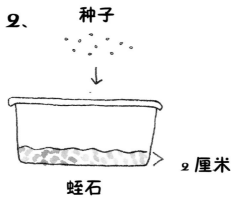

蛭石

2厘米

3、

放入盛有少量水的盘子中

哇，发芽喽！

期待春天快
点到来哟！

13 草莓松饼配俄式红茶

吃草莓是需要配上松饼的，而吃松饼时也是少不了草莓的。那么，为什么它们彼此之间有这样难以割舍的联系呢？这是因为，在很久很久之前，松饼和现在的西式蛋糕是不一样的。最初作为早餐食用的松饼，是在饼干中加入草莓、草莓酱和鲜奶油。松饼中的"松"，是指像饼干一样松脆的意思。大家也来一起尝尝经典的美味松饼吧。

经典松饼（8 个）
原料
（松饼）
低筋面粉……300 克
泡打粉……1 大匙
砂糖……50 克
盐……少许
黄油……80 克
牛奶……150 毫升
色拉油……少许
（装饰用）
草莓……1 包
鲜奶油……200 毫升
砂糖 ……1 大匙
草莓酱……根据个人口味决定

1. 制作饼干
将低筋面粉、泡打粉、砂糖和盐放入碗中混合均匀，然后从冰箱中取出黄油，用手掰碎后放入面糊碗中，再倒入牛奶，用刮刀搅拌。直到揉成一个面团后放入保鲜袋中，在冰箱中冷冻 30 分钟左右。

小·麦粉　砂糖
泡打粉
黄油
牛奶

2. 将步骤 1 中揉好的面团擀成 1.8 厘米厚的面饼，再用直径 7~8 厘米的杯盖在面饼上扣出一个个小圆饼。然后在托盘上抹上少许色拉油，再摆上小圆饼。摆放小圆饼的时候要注意保持间隔，因为烘焙的时候松饼有可能因为膨胀而粘到一起。

3. 事先要将烤箱预热至 200 摄氏度左右，然后放入上一步已经准备好的小圆饼，烘烤 20~30 分钟，等到松饼变成焦黄色的时候就可以从烤箱里取出来了。

4. 准备数量比松饼多一些的草莓，用作装饰。将草莓去蒂切成小块，撒入一些砂糖。在奶油中加入一匙砂糖，慢慢地搅拌。

草莓酱

5. 将冷却后的松饼片成两半，中间放入步骤 4 中准备好的草莓，并根据自己的喜好涂上适量的草莓酱，在上面再涂上奶油，并摆上装饰用的草莓。热的松饼吃起来是非常美味的。吃剩下的可以用多士炉加热后食用。

俄式红茶（俄罗斯风味红茶）

先在杯子中倒入红茶，然后在另一个小杯子中放上草莓果酱。喝茶的时候，可以根据自己的喜好在红茶中加入适量的果酱。

在英国，人们有在下午茶时间喝红茶、吃甜品的习惯。在司康面包上涂果酱和奶油，似乎已经成为下午茶必备的一道点心。在下午茶点中，除了红茶之外，还有牛奶、热水和小巧的黄瓜三明治以及自制的蛋糕等。这些美食都会放在一张专用的桌子上供大家食用。

14 草莓牛奶和草莓酱

无论怎么说，新鲜的草莓还是最好吃的。

在很久以前，大多数人都认为草莓是酸的，所以常常在草莓中加入炼乳，做成草莓牛奶，认为这样才会更好吃。而现在，新鲜的草莓直接吃就已经是相当美味了。但是，如果你一次吃过多的草莓的话，也会觉得草莓有点酸，所以让我们做一道草莓果酱品尝一下吧。

草莓酱

原料

* 草莓果

* 砂糖……根据草莓的重量放入 3~5 勺（多做几次你就能根据自己的口味决定放多少砂糖了）。

* 不能用金属制的锅，因此要准备陶瓷的锅或者是耐热的玻璃锅。

做法

1. 将草莓洗干净，放入笊篱中将水沥干，并去蒂。

2. 在陶瓷锅中放入草莓和砂糖，熬煮。为了防止煮糊，需要不时轻轻地搅拌。

3. 然后放置一段时间，使草莓的汁液充分滤出。

4. 重复步骤 2，改用小火加热。

5. 去除涩汁，用木刮刀一边搅拌一边煮，注意不要煮焦了。然后盛一杯水，将煮好的草莓汁滴入水中，如果是凝固状态，证明已经快要做好了。此时再加入少许柠檬汁，就会成为漂亮的红色果酱啦。

6. 冷却之后，将果酱放入用热水消毒过的瓶子，压实，再盖上盖子保存即可。

草莓牛奶

原料……草莓、牛奶、砂糖

1. 将草莓洗干净，摘掉蒂，一个个放入盘子中。

2. 用勺子将草莓压碎，根据自己的口味加入砂糖，再倒入牛奶搅拌即成。

草莓露

1. 将草莓洗干净后摘掉蒂。

2. 将步骤 1 的草莓装入能够密封冷藏的保鲜袋中，再撒上砂糖。

3. 放入冰箱中冷冻。

4. 解冻后用纱布过滤，美味的草莓露就做好啦。

在草莓露中加入汽水或者冰水就可以做成草莓果汁啦。在蛋糕中加入草莓露也非常好吃。直接将冷冻的草莓露加入牛奶和冰激凌，再放入果汁机中搅拌，就能做成美味可口的草莓奶昔了。用纱布过滤后的固体草莓，切成小块，再加入砂糖和柠檬汁，放入陶瓷锅中煮一煮，就是香甜的草莓果粒酱。把它加入冰淇淋和新鲜蛋糕中，绝对美味无穷！

北欧

瑞士

法国

虽然在亚洲，人们喜欢把草莓捣碎再加入砂糖和牛奶一起吃掉，但是在北欧等国家，人们喜欢将鲜草莓搭配酸奶一起吃。阿尔卑斯山脉地区的人们喜欢在草莓中加入柠檬汁，而法国人却喜欢配着红酒吃草莓。

15 遍布世界的草莓大家族

据说种植的草莓诞生于 200 年前，而后慢慢逐渐扩展，一株一株的草莓遍布至整个世界。但事实上，是通过人类的活动使草莓的数量不断增加的。新的品种一旦产生，人们就会移植它们的幼苗，让它们开始繁殖。虽然这样的做法和播种的方法相比，增长速度不够快，但是却能很完整地保留草莓植株母体的特质，使这些优质的品种逐步传播到世界各地。

北美洲的弗州草莓和南美洲的智利草莓就是从欧洲移植过来的，通过两个地域之间种植技术的交流，大家现在吃到的荷兰草莓就诞生了。大约在 150 年前，荷兰人首次将草莓植株带入日本，所以草莓就有了"荷兰草莓"的别称。

原住民栽培的野生草莓

虽说是南美洲原住民（印第安人）栽培了野生的草莓（智利草莓），然而，他们似乎选择了很多大果实的植株进行栽培。印第安人除了种草莓之外，还培育了西红柿、土豆、玉米等这些现在世界各地大范围种植的农作物。我想他们一定都是"种植高手"。

美国

弗州草莓原产地

1534~1891 年

西班牙

印第安人栽培智利草莓的原产地

1714~1851 年

通过**植物探寻者**的双手

在中世纪的欧洲，贵族们出巨资雇佣植物探寻者，让他们去收集世界上的植物。其中包括罕见的、好吃的以及具有药用价值的各种植物。

远渡途中遇到的各种危险让探寻植物的征途变得困难重重。而野生草莓这个品种也是由这些植物探寻者引入欧洲的。然后，在伦敦、巴黎还有荷兰的莱顿对这种野生草莓进行杂交，培育出了现在的草莓品种的种子。

1996 年草莓产量排行榜（单位：吨）	
1 美　国	738170
2 波　兰	200000
3 日　本	201500
4 西班牙	191200
5 意大利	190100
6 韩　国	150000
7 俄罗斯	121000
	FAOSTAT 1998

俄罗斯

中国

韩国

日本

东京

长崎

1840 年从荷兰引进的草莓品种

1840 年从巴黎引进福羽草莓的种子

南半球草莓产量的前五名（括号中表示的是这五个国家在世界范围内的排名和产量／单位：吨）

1. 智利（第 21 名　15500）　2. 澳大利亚（第 28 名　10000）
3. 阿根廷（第 34 名　8300）　4. 秘鲁（第 36 名　7820）
5. 南非（第 44 名　3800）

现在让我们来看一下
世界地图

世界上到底有多少个国家在种植草莓呢？我们难以知晓。虽然在北半球有很多国家都在种植草莓，但是现在越来越多的南半球国家也开始种植草莓了。在这些炎热的南半球国家，凉爽的高山地区也是适合种植草莓的。毕竟草莓被很多人所青睐啊！

草莓末日？

如果有一天，备受欢迎的草莓突然消失的话，我们该怎么办呢？也许你会说，无论怎么想象，我都觉得这是不可能的。但是呢，在战争时期的日本，曾经有过"禁止种植草莓"这样的禁令。毕竟草莓和大米不同，作为饭后甜点，即使没有，人们也不至于饿死。鲜红可爱的草莓果然还是适合生长在和平年代哦！

详解草莓

1. 野生草莓，种植草莓（第 2~3 页）

现在我们种植的野生草莓 Fragaria（草莓属）是弗州草莓和智利草莓杂交的产物。没想到他们遗传基因的排列组合居然罕见地非常相似，并幸运地成功实现了杂交配种。杂交后果实变大了，产量也实现了大幅度增加，变大的理由还不是很清楚。当然也有不同品种经过杂交后产生的新品种，会出现之前亲代品种从未有过的形状和能力（杂交优势）的说法。它的学名 Fragaria 的意思是果味很香，直到今天的欧洲，人们仍一直钟爱野生草莓的香气。日本的野生草莓主要长在北部的山地上，它们是属于野生草莓品种的屋久草莓和饭沼草莓，虽然有人吃，但目前还没有人工种植。草莓在日本古典文学中，在清少纳言的《枕草子》中出现过一次。但是，因为她生活的京都没有这些野生草莓，所以指的大概是关西的野生木莓吧。她在第 49 段《高雅的东西》中曾写道："雪覆梅花、孩提食莓，尽是高雅。"（白雪落在红梅上，十分可爱的孩子正在吃着草莓，这些都是优美的。）在第 71 段《不安事》中写道："尚难言语之婴孩，挺背拒怀，哭喊不止；黑夜中暗自食莓。"（婴儿使劲儿打挺，不要人抱，尽在那儿哭个没完的事情以及在黑暗之中吃草莓都是令人心情不好的事情。）正是因为草莓看起来是红色的，才有了它存在的价值吧。在欧洲的野生草莓中，也有结白色果实的品种。

2. 不管怎么说，大家都很喜欢草莓！（第 4~5 页）

有人会说"不爱吃西瓜"、"讨厌吃无花果"，但是有没有人说"不爱吃草莓"呢？根据最近的问卷调查（农林中央金库）得出的结论：在东京、大阪，70% 以上的白领丽人都把草莓列为最喜欢水果排行中的首位。我想大概是因为草莓"红红的，很可爱，能整个吃掉"，并且有益于健康吧。在最新的医学研究中也发现，草莓作为"机能性成分"，还有提高学习能力和抑制大脑衰老的效果呢。估计在考生和老年人群中，"最爱草莓"的人数还会继续增加。古时候，人们肯定本能地喜欢这种健康价值高、采摘于山野上的草莓。

草莓是水果还是蔬菜呢？我们把它种在田里，它就是蔬菜，把它放到商店里卖，它就是水果。蔬菜是指通过大约一年时间可以收获的草本植物，被称为副食（随主食搭配食用的食品）。草莓虽然本来就是多年生植物，但和蔬菜一样也需要每年插秧，和一年生的草本植物一样进行种植。但它不是摆在饭桌上食用的副食，而是作为饭后甜点的水果。好吧，怎么说都没有错啦。

3. 哪个才是真正的果实呢？（第 6~7 页）

与草莓不同，苹果、梨等都是伪果，它们的种子位于中心部位。柿子、梅子、葡萄等水果的子房膨胀后会成为果实（与伪果相反，真正的果实叫做真果）。而草莓的种子是另一种类型，因为子房不会膨胀而被称为瘦果（瘦的果实）。和荞麦一样，荞麦的子房就是荞麦皮）。

4. 草莓是大家族，大家手拉手！（第 8~9 页）

在各国的经营性栽培中，为了使种植管理和收获工作更加简便高效，每年都会移植秧苗，把草莓当作一年生植物进行培育。如果未被致命的病虫害侵袭的话，一株草莓可以成为常年连续生长结果的多年生植物。

关于草莓的繁殖方法，分为依靠葡匐茎、幼苗而进行的无性繁殖和依靠种子进行的有性繁殖。其中，"无性繁殖"是指具有相同特点的多棵子株在短时间内增殖，多的话一个季节内可以从 1 棵母株上分出 100 棵以上的子株。子株通过葡匐茎从母株和已经长出的其他子株汲取养料和水分。而在种子繁殖过程中，即便是通过自己受精结出的果实，其遗传基因也基本上不相同。这是因为遗传基因会发生各种变异的情况，即使是具有优良特性的品种也不一定能遗传到下一代。所以，在严峻的自然条件下，能够顺利发芽、生长发育的种子数量是非常少的。但是，如果是感染了病毒的植株，它的种子却不会在相同生长期内感染病毒。因此，根据种子繁殖的特点，原来母本的遗传特性会不断呈现多样化的趋势，躲避病毒感染，实现生物进化也并非是不可能的事情。

5. 品种介绍（第 10~11 页）

在日本诞生的传统草莓品种"福羽"闻名世界，其培育者叫福羽逸人。他并没有直接从法国引进栽培植株，而是通过进口许多种子，并从中找出适合日本水土的优品进行栽培。如果只是直接引进法国的品种，是否会适合当时的日本自然情况呢？现在草莓的主要品种都继承了"福羽"的遗传基因。在最近的经营性种植中，从 12 月到次年 3 月都能收获的促成栽培（也称冬季草莓）占据了种植量的一半。而"福羽"草莓恰好具备果实大且美观、开花结果早、冬眠（指休眠）时间短等优点，和现在的育种目标完全一致。而且，从远方的草莓原产地向市场运输的过程中，需要草莓果实硬实且耐保存。作为营利销售用的品种，结合抗病性强、果实大、高产、美味、外观好、易栽培、易运输等特性综合评价，培育出新的划时代的品种并不是一件容易的事情。追求果实个头大，既符合消费者的要求，也是为了减轻种植农民的劳动量。毕竟果实个头大了，采摘起来也省事。促成栽培的大棚按每 10 亩计算，可以收获果实 5 吨以上（也有农民能够收获 6 吨以上的果实）。如果果实平均重 25 克，就能收获 20 万个；如果果实均重 12.5 克的话，更会收获 40 万个，其数量增加了一倍，而且采摘后还要将果实装进包装袋中，手工作业的次数也会增加至原来的两倍。尽管如此，如果果实大到需要动用刀叉来吃的话，有可能会破坏草莓原本玲珑可爱的形象哦。

6. 种植日历（12~13 页）

草莓的生长发育，可以较明显地分为"从花芽分化到开花、结果的生长繁殖"和"从母株长出葡匐茎、子株，然后经过冬季休眠后春天继续生长"两种方式。而且，这两种生长方式的特点是都会受到日照时间和温度的影响。植物的天然适应性使其有具有为抵御低温过冬而休眠，之后在一定的低温环境下苏醒，伴随春季的到来继续开始生长的发育规律。草莓根据品种的不同，由冬眠转为苏醒所需的低温环境要求也不同。比如，被称为"南方型"的促成品种对复苏所需温度量要求就比较少，而"北方型"要求就比较多。

虽然在露天栽培的情况下，很难发现草莓的这种生长特点，可是在促成栽培时如果不清楚这些就进行种植，结果可能就会比较糟糕了。在促成栽培中，为了实现"促进花芽分化、尽量提前收获"和"使其不进行休眠、从而连续收获"的目的，可以对植物实施保温、电灯照明（电照）等多种方法。在校园中，虽然通常是露天栽培，但如果有温室或者大棚，将草莓栽种在草莓罐中或者花盆中，尝试一次促成栽培也是非常有趣的。如果到了十月下旬，将其放入温室或大棚中，大概在圣诞节的时候就能收获了。如果有可能，可以观察一下在温度条件相同的情况下，有无电灯照明是否会导致生长情况的不同。电照的做法是：在这个时期内，使自然日照时间加上电照时间达到连续 14 个小时，在日落之前记得要开灯照明。光的强度大概定为能够读报纸（最低大约 10 勒克司）的程度。将 100 瓦的白炽灯放在草莓植株上方距离 1.5 米处（用反光伞的话能

草莓各品种和低温要求量（单位：小时）

北斗	1000
北辉	1000~1250
宝交早生	350
丰香	200
红宝石	150~200
幸香	150~200
枥木少女	200
章姬	100

适合 5 摄氏度以下低温的时间总计，在仅有的时间下，不适应低温的话，就不能从休眠中苏醒过来。

够使灯光得到充分反射，或者可以使用照明用电灯泡进行照明）。

7. 来吧，让我们试着种草莓吧！（14~15 页）

在学校的农艺园里种植草莓，可以说要比种植其他作物都要难哦！首先育苗就有一定的难度。因为草莓的栽培期间长，即使到了最后的收获期，还要防雨水、防鸟兽，有时还要防止小淘气鬼们。从播种或者育苗开始，到收获期所用时间进行比较的话，土豆从插秧后开始算起是 60 天时间，玉米也只需要 60 多天。而草莓如果是露天栽培，则需要从秋天插秧开始到第二年 5 月上旬才能收获，历经半年多的时间哟。即使在大棚中促成栽培，也需要 3 个月的时间哦。让我们别着急，耐心地开始培育吧！首先，我们要拥有能够有效抵抗白粉病等致命病害侵袭的健康幼苗。最好在园艺商店买来已确认无误的"无病幼苗"，或者事先与农民签订合同哟。

8. 在阶梯式坛架上、草莓罐中也可以种草莓！（16~17 页）

适合在没有合适的田地用来种草莓，或者就在自己身边试着种种看、为了观赏而种植草莓等情况。这样做不仅方便，而且还会意想不到地收获漂亮的草莓哦。虽然要花时间精力，但也非常有意思哦！种的时候我们要注意每培养一棵草莓植株最少要准备 1.5~2 立方米的砂土量。因为草莓根部干燥是大忌，在使用渗水性较好的土壤同时，还要注意浇水，切记不要施肥过多。注水，也叫做底部供水，是指让草莓从罐子的底部吸收水分的方法。施肥时，为了不破坏根部，最好使用一点点溶解化开的那种化肥（缓效性肥料）。

经过草莓罐和花盆中栽培拓展，就是营利用的盆栽栽培了。为了站着就能毫不费力地进行收获，还可以在高处整齐地架起长凳。

9. 每天不间断地细心照料，终于迎来收获的季节啦！（第 18~19 页）

在病虫害方面，为了解决开花期和收获期的灰霉病，在 2~3 月一定要用黑色的聚乙烯薄膜盖住田垄（如果使用透明薄膜的话，会使光线射入田垄，这样容易滋生杂草）。毕竟杂草生长的速度还是很快的。如果把凹凸不平的垄面清理干净后直接盖上薄膜，不利于存储水分。当我们看到花蕾即将开花的时候，不要忘记修一条防雨通道。适合露天栽培的宝交早生草莓品种特别容易死于灰霉病。如果防雨通道修得过早的话，收获期也会稍稍提前，但是因为在

晴天时，用薄膜对田垄加以密封的话，会因温度过高烧坏叶子，所以要在田垄下方打开一个缺口，进行换气，并保证最高温度维持在 35 摄氏度以下。

10. 从匍匐茎上取下幼苗吧！（第 20~21 页）

在实际栽培过程中，最辛苦的环节莫过于收获草莓、出货和育苗了。从照料母株到育苗，其过程很长（5~9 个月）。育苗的数量很大（育苗栽培每 10 亩地里大约有 8000 株），大多需要蹲姿操作，很累人啊。"最爱草莓"的人非常多，这就导致了草莓空前畅销。但草莓栽培量减少的原因之一

亲子栽培举例
宝交早生的促成栽培（大棚）中，缠绕在网上的子株开始结果了。通过匍匐茎把养料和水分供给子株。

是农民大多开始自己育苗，毕竟这是一件很费事的工作，无论育苗还是收获都太费精力和体力了。当然，也有人从其他国家的育苗专业人员手中买来幼苗栽种。

种植草莓的大敌是病毒感染。病毒是以夏天长出翅膀飞来飞去的蚜虫为媒介进行传播的。草莓一旦被病毒感染，就会逐渐衰弱。如果母株患上病毒病，那么子株也会在短时间内感染病毒。因此，在这个时期需要用冷布（稀疏平织的薄棉布经上浆处理而成）等东西把整棵植株盖上，防止蚜虫飞入吸取植株的汁液。掌握防止病毒感染的方法对农民而言是必不可少的技能。如果植株感染了病毒，但是其生长点组织尚未被感染，可以取出生长点组织进行组织培养，从而培育出未感染病毒植株，这样的技术也正在逐渐普及。除此之外，通过土壤和水等感染的萎黄病和炭疽病等也是草莓的大敌，有时甚至会把母株和子株全部杀死。

在通过匍匐茎来增加幼苗的过程中，需特别注意：①母株要健康无病害；②长出的幼苗需在无病害的条件下培育。虽然这些并不能简单地实现，但是为了观察草莓的生命周期，还是具有尝试意义的。而且，培育从种子开始繁殖"单独的纯种"过程中，以下两点不可或缺：一是为了能在狭小的地方也能繁殖匍匐茎和幼苗，可以选择在大一些的罐子里栽种母本植株，并放在长凳等高的地方。这样

做是为了在幼苗尚未接触到地面时可以及时剪断，并在蛭石（黑云母风化所成的含水分的矿物，一旦骤然加热，则像水蛭般伸长）等处用插条固定住长的母株；二是生根后再移植的话，还能够很好地躲避土壤疾病。

11. 呀，糟了！这个时候我们该怎么办呢？（第 22~23 页）

在露天栽培过程中，所谓"幼苗决定收获的一半"是指如果用优质幼苗栽培，那么定植后的管理就不会那么难了。在冬季只要注意防止干燥病就没什么大问题了，这个时期也不用太担心病虫害。不过，一不留神就会被忽视的根部蚜虫，在干燥条件下很容易滋生（防除蚜虫时，在定植每棵植株时，平均用 1 克叫做"BEST GUARD"的颗粒防虫药剂与坑里的土混在一起填上就可以啦）。在入秋时节会出现号称"大肚汉"的土蚕类害虫群，它们猖狂时甚至会使植株受到严重灾害，所以一定要注意经常观察。提前做好防虫处理，从害虫的卵孵化开始，过不了多长时间，药剂对幼虫的作用就会非常明显，但是等幼虫长大了再想消灭，可就不这么简单喽！在明亮的白天，遍布根部周围的峤愁拵（一种咬农作物根部的害虫）会在根部的土中隐藏。特别是在促成栽培时，在大棚中的栽培期长，所以很容易为滋生蚜虫、螨虫和霉虫等虫害创造条件，千万不可掉以轻心。

在学校农艺园和家里，我们总是希望通无农药栽培收获纯天然的草莓。如果想收获纯天然的草莓，首先就要注意蚜虫！可以使用符合安全食品标准的淀粉制剂，喷洒过这种制剂的草莓也可以放心食用。另外，这种淀粉制剂还可以与油脂酸钠制剂（如"油酸盐"，大塚制药公司出品）一起使用。

关于病害对策，请大家阅读第 9 章节中的解说吧。

12. 花和果实的实验——让我们来播种吧！（第 24~25 页）

草莓的果实大，种子也多。比如，40 克重的草莓会有约 300 颗种子，15 克重的有约 170 颗（品种不同的话种子数量也不同）。与其说花托的大小和雌蕊的数量决定了种子的数量，不如说它们决定的是草莓果实的大小。因为果实是在种子分泌的激素作用下变肥变大，因此种子数量越多，果实也就越大。位于花序顶端的第一朵花最大，其次是第二朵、然后第三朵……花逐渐变小。只不过雌蕊的数量虽多，如果不经过受精也不会形成种子。如果没有

果实肥大激素，果实也就不会肥大。如果有几个雌蕊没有受精，就会形成凹凸干瘪的畸形果。为了收获形状整齐划一的果实，必须依靠风力和昆虫来广泛和全面地传递健康的花粉。

如果是露天栽培草莓倒不用特别担心，而在大棚中种植时，因为风力小，可以授粉的昆虫也比较少，这时就需要通过放养蜜蜂等采花昆虫来实现必要的授粉过程。因此，这也是大棚栽培不可或缺的重要技术。把蜜蜂放进大棚内，观察其活动情况，专家意外地发现，在结构复杂的大棚中蜜蜂仍会有采蜜行为。当然，为了促使蜜蜂活动，必须要控制农药的使用量。

为了培育出属于自己的草莓品种，可以采取三种方式获取种子：①用自己培育的草莓果实的种子；②用商店出售的知名草莓品种的种子；③自己将不同的草莓品种杂交后得到的种子。对于方法③，要准备好盖住小草莓用的小纸袋和曲别针，以及柔软的画笔。你要做的第一步是：要选出用来杂交的草莓母本品种开花前一两天的花朵（已经长出花瓣的），为了防止其自交受粉，轻轻地用手指拔掉雄蕊（连同花萼、花瓣）。然后，用毛笔取下其他品种开花当天的花粉，再撒到雌蕊上。接下来，为了不感染其他品种的花粉，把它装入至纸袋中，并用曲别针封好，并标记杂交亲代和日期，最后就等待果实成熟了（全部变红后就可以了）。取种时，如果数量少，最好用镊子一个个地夹取。如果数量较多，也可以使用搅拌机。在搅拌机中加水，连带果实低速旋转1~2分钟，种子就会从果肉中分离出来，将其倒入碗里，我们只把沉到底部的种子收集起来（浮在水面的是没有受精的种子）。然后再用水洗干净后干燥，直到播种前都要放在冰箱中保存。

在播种时，我们可以在装有草莓种子的塑料袋底部挖几个小洞，然后零散地间隔3~4厘米，把种子播种在蛭石和干净的河沙上。为了使种子能充分晒到阳光，不要对播种后的地面进行覆盖（为了保温可以使用玻璃）。然后在浅盘里倒入水，通过塑料袋底部的小洞来提供水分。温度保持25摄氏度左右，20~30天就能出芽，然后进行第一次移植。趁着它们还没长出细根，我们用镊子等工具轻轻地捏住茎部将其拔出，把幼苗移至大约3厘米×3厘米大小的育苗用培养盘中（因为用育苗用培养盘在下次移植时根部不会腐烂，因此更加方便）。这样做成活率几乎是100%。此后，在35~40天时，进行第二次移植，将其移到直径为9~10厘米的草莓罐中，并一直培育到定植阶段。在移植时，要间隔拔掉弱小的幼苗。在用土方面，蛭石非常方便，铺上无纺布再放上草莓罐则不容易干燥。正规种植的时候，为了

防止病毒侵袭，需要在育苗过程中盖上冷布。如果想快一些就能收获的话，则需要移入更大一些的罐里或者是花盆中，从10月下旬开始在大棚里培育，到12月或者次年1月就能尝到期待已久的"只属于自己"的草莓啦。

14. 草莓牛奶和草莓酱。（第28~29页）

用草莓做的点心不计其数，在香、味、形、色方面看上去各不相同，却大受欢迎，"草莓团子"便是其中之一。如果你多花些心思的话，一定会创意出更具新意的魅力作品哦。如果有人觉得草莓酱过甜的话，我推荐尝一尝蜜饯草莓。只需加入一点砂糖煮15分钟即可。煮完后把它一小份一小份地分开，或者冷冻后再吃也是不错的选择，想吃的时候拿出来吃就可以啦。

草莓不只可以做成甜品，还可以做色拉、色拉调料汁、沙司，你可以试着做做看哦。草莓与酒、白肉鱼、扇贝等搭配吃味道也不错啊！

15. 遍布世界的草莓大家族！（第30~31页）

草莓享有"经济繁荣与和平的象征"的美称（虽然所有水果都可以这么说）。经济情况一旦好转，向安定和平的方向发展，世界各地草莓的栽种也会遍布开来。这也是因为每个国家的人们都是"最爱草莓"的。当下，在现代化经济蓬勃发展的中国，草莓栽培急速增长。草莓基本都是在北半球栽种，这也确实反映出了南北半球经济发展方面的差距，但是南半球现在也在逐渐扩大草莓的种植。顺便说一下，日本在第二次世界大战时，也就是昭和17年（1942年）颁布了"暂缓种植农作物"的禁止令。为了增加主食大米、薯类等的产量，禁止草莓、西瓜、花等作物的栽种。

第二次世界大战后，日本的草莓种植随着经济的快速增长而逐渐发展，但同时也是以大力发展塑料工业为支撑的。在以季风气候为主的日本，春秋两季雨水较多。因此，为了保证生产草莓等园艺作物（也包含果树）的稳定生产，"防雨"工作必不可少。不仅是为了希望尽早丰收，也是为了防止病害等危害，由此可见，防雨工作有多么重要啊。

后记

在 50 年前，7 月初的北海道，布谷鸟在唱着歌，在被清晨露水溅湿的祖母家的小块田地里，我第一次经历采摘草莓。那个品种的名字叫 Fairfax，我都清楚地记得。那是个大家都还吃不饱饭的时代，不要说稍稍有些变红的草莓了，就连变红之前还透着白色的草莓我们也不会放过，大口大口地吃掉。在酸涩的味道中渴望着一丝甜味，那种香味真是终生难忘啊！每到夏季 8 月，野生的草莓就会在路边像成片的红宝石一样熠熠生辉。可以说草莓赠予了人们一种别样的乐趣。

令我没有想到的是，从那时起的 20 年后，草莓的试验研究居然成为了我从事的正式职业。当时的日本正处于经济快速发展的时期，不但举办了东京奥运会，新干线也开通了，很多新兴城市也建成了。草莓作为经济繁荣与和平的象征，在国内的种植大幅度发展起来，到大阪世博会开幕的时候已经达到了顶峰。

然后又过了 30 年，迎来了物质方面更加丰富，世界更加和平的今天。但是，孩子们的眼中是否还闪烁着期待未来的光芒？在虚拟现实的世界中，虽然说每个孩子都各具魅力，但同时也衍生出"班级崩溃"（译者注：1999 年日本的新闻媒体为报道日本中小学教育状况而编撰的名词，意思是学生在教室不听从教师的指导，进行大声喧哗、捣乱等妨害课堂纪律的行为，使大家无法集中在一个班级接受教育的状态。简单点说，就是破环班级秩序。）等新词。

面对这样的现实，我想和大家分享一首北欧地区的古诗。这是瑞典的一位特别喜欢草莓的老朋友，在 1975 年 7 月的一个小鸟鸣啭的白夜告诉我的。

"草莓是神的馈赠，带给你爱的炽热与鼓励。
和所有的孩子触摸它，向所有的孩子讲述它，传递永远的幸福。"

如果作为乐趣，自己动手种草莓吃，的确能体会到诗中所说的那种感觉。不仅是草莓，其实任何作物都是这样的。对孩子们来说，虽然现在还不知道什么东西最重要，但我们可以一起努力，在未来共同寻找吧！同时，请大人们也一起加入到孩子们中间来吧！

木村雅行

图书在版编目（CIP）数据

画说草莓 /（日）木村雅行编文；（日）杉田比吕美绘画；中央编译翻译服务有限公司译. —— 北京：中国农业出版社, 2017.9（2017.11重印）
（我的小小农场）
ISBN 978-7-109-22733-0

Ⅰ.①画… Ⅱ.①木… ②杉… ③中… Ⅲ.①草莓 – 少儿读物 Ⅳ.①S668.4-49

中国版本图书馆CIP数据核字(2017)第035519号

木村雅行

1940 年出生于北海道七饭町。1964 年完成京都大学研究生院农学专业硕士课程，成为京都大学附属高槻农场助手。1967 年在奈良县农业试验场工作，从事草莓的栽培技术和水田利用技术开发研究等工作。1991–1992 年在吉野地区农业改良普及中心工作。1994–1996 年担任奈良县农业试验场果树振兴中心所长。从 1997 年 4 月开始，担任农业试验场场长。农学博士。1975 年曾去西班牙、1982 年去东德和保加利亚支援草莓的栽培技术。著书有《农业技术大系·草莓篇（合著）》（农文协）、《利用株型种植草莓的方法（合著）》（农文协）、《草莓"宝交早生"的塑料大棚栽培》（诚文堂新光社）等。

杉田比吕美

1959 年出生。毕业于阿佐谷美术专门学校。主要从事绘本和书籍装帧等工作。绘本作品有《街道的一天》（bronze 新社）、《仰望天空》（河出书房新社）、《大海到来（合著）》（理论社）等。

■写真をご提供いただいた方々
P10~11　アスカルビー、ヴェスカ：信岡 尚（奈良県農業試験場）
P22　病害：小玉孝司（元奈良県農業試験場）
P23　害虫：福井俊男（奈良県農業試験場）、杉浦哲也（元奈良県農業試験場）

■撮影
P10~11　とちおとめ、さちのか、章姫、女峰、とよのか：赤松富仁（写真家）
　　　　宝交早生：岩下 守（写真家）
P22　イチゴの葉（溢液現象）：赤松富仁（上掲）

我的小小农场 ● 4

画说草莓

编　文：【日】木村雅行
绘　画：【日】杉田比吕美

Sodatete Asobo Dai 3-shu 14 Ichigo no Ehon
Copyright© 1999 by M.Kimura,H.Sugita,J.Kuriyama
Chinese translation rights in simplified characters arranged with Nosan Gyoson Bunka Kyokai, Tokyo through Japan UNI Agency, Inc., Tokyo
All right reserved.
本书中文版由木村雅行、杉田比吕美、栗山淳和日本社团法人农山渔村文化协会授权中国农业出版社独家出版发行。本书内容的任何部分，事先未经出版者书面许可，不得以任何方式或手段复制或刊载。
北京市版权局著作权合同登记号：图字 01-2016-5595 号

责任编辑：刘彦博
翻　译：中央编译翻译服务有限公司
译　审：张安明
设计制作：北京明德时代文化发展有限公司
出　版：中国农业出版社
　　　　（北京市朝阳区麦子店街18号楼　邮政编码：100125　美少分社电话：010-59194987）
发　行：中国农业出版社
印　刷：北京华联印刷有限公司
开　本：889mm×1194mm 1/16
印　张：2.75
字　数：100千字
版　次：2017年9月第1版　2017年11月北京第2次印刷
定　价：35.80元